认识时钟

我超喜爱的趣味数学故事书

魔法时间

纸上魔方 著

U0394918

北方妇女儿童出版社
长春

图书在版编目（CIP）数据

　魔法时间：认识时钟 / 纸上魔方著 . -- 长春：北方妇女儿童出版社 , 2014.4（2020.5 重印）
　（我超喜爱的趣味数学故事书）
　ISBN 978-7-5385-8168-3

　Ⅰ .①魔… Ⅱ .①纸… Ⅲ .①数学—儿童读物 Ⅳ .① O1-49

中国版本图书馆 CIP 数据核字 (2014) 第 049757 号

编委会

任叶立 徐硕文 徐蕊蕊 余　庆 李佳佳 陈　成 尉迟明姗

魔法时间 · 认识时钟

MOFA SHIJIAN · RENSHI SHIZHONG

出 版 人	刘　刚
策 划 人	师晓晖
责任编辑	曲长军
插画绘制	纸上魔方
开　　本	889mm×1194mm　1/16
印　　张	2.5
字　　数	20 千字
版　　次	2014 年 4 月第 1 版
印　　次	2020 年 5 月第 2 次印刷
印　　刷	长春市彩聚印务有限责任公司
出　　版	北方妇女儿童出版社
发　　行	北方妇女儿童出版社
地　　址	长春市龙腾国际出版大厦
电　　话	总编办：0431-81629600　　发行科：0431-81629633
定　　价	19.80 元

数学就是这样有趣

　　数学有什么用？为什么学数学？对于许多小朋友来说，数学不仅是一门比较吃力的功课，枯燥、乏味的运算更让孩子心生畏惧。而数学原本就是一门来源于生活的科学。孩子们日常生活中的小细节、小故事，都蕴藏着丰富的数学知识，只要你稍加留心，就会发现无处不在的数学规律。

　　《我超喜爱的趣味数学故事书》正是抓住了这一规律，通过讲故事、做游戏，激发起孩子学习数学的兴趣。把抽象枯燥的数学知识，转化成看得见、用得到的生活常识，让孩子们通过故事与漫画，更加直观而轻松地认识数学、爱上数学。全书更重在培养孩子解决问题的思考方法，提高孩子逻辑思维能力和综合素质。

　　与此同时，编者还巧妙地将数学知识穿插在故事当中，这些入门知识的反复出现，更有利于孩子们加深记忆，掌握学习数学的技巧。

　　更值得一提的是，这套《我超喜爱的趣味数学故事书》还真正为父母们提供了一个和孩子共同学习的机会。在每一本分册的末尾，都有编者精心设计的互动园地。在这一板块中，父母可以更直观地看到书中所讲述的知识点，了解孩子的学习进度，结合实际应用，帮助孩子们进一步理解数学的意义，掌握数学知识。

　　相信这套《我超喜爱的趣味数学故事书》，一定会让孩子们认识到数学之美，轻轻松松爱上数学，学好数学！

　　由于编者水平有限，这套书中一定还有不足之处，敬请广大读者不吝赐教，为我们提出宝贵意见。

"尤娜、温妮，现在已经 9：30 了，明天不是去游乐园玩吗？赶快睡觉。"丽莎姑妈果断地制止了两个小姑娘的枕头大战。

"好吧，我们这就睡觉了。"尤娜说。

"丽莎姑妈，你再给我们讲一遍灰姑娘的故事吧。"温妮恳求着说。

"从前，在某个城镇上……终于，一位老奶奶出现在她的面前……"听着故事，尤娜和温妮沉沉地睡着了。

睡梦里，尤娜好像看到一道光，连忙叫醒温妮，跟着那道光走了过去。

"哎？这是哪里啊？现在几点了？"尤娜看看身边的温妮问道。

"哦，现在是上午10点钟了。"温妮看了一下自己的手表，短短的时针指在表盘上10的位置，长长的分针刚好停在12的位置上，只有细细的秒针，还在一圈一圈地走呀走。

"这里是……，尤娜，你看，那是谁？"温妮四处看了看说，看见一个漂亮女孩正哭得伤心。

"嗨，我是尤娜，你怎么哭了？"尤娜向那个女孩走过去。

　　"我是辛德瑞拉。今天，皇宫里要举办舞会，为王子挑选新娘，可是我却不能去。哦，我现在还要去取姐姐们的礼服。"说完，辛德瑞拉便匆匆走开了。

"辛德瑞拉？难道她是灰姑娘吗？"温妮惊讶地看着尤娜。

"我们得想办法帮帮她才好啊，对了，我们可以先去找那个魔法师奶奶。"尤娜说。

穿过一片树林，尤娜和温妮来到了一间小木屋前面。

"尤娜，现在几点了？"温妮问。

尤娜看看手表说："现在是 10：04 了吗？"

"哦，不，我记得丽莎姑姑说过，表盘上的每个数字，都代表着 5 分钟，分针指在 4 这里，尤娜，现在是 10：20 了！"温妮看看自己的手表说。

"10：20，魔法师奶奶会在家吗？"尤娜刚想去敲门，小木屋的门忽然自己打开了。

　　房间里没有人，只有一张字条和一个时钟："水晶球已经告诉我，你们想要帮助辛德瑞拉，这个时钟可以改变时间，舞会在晚上 7：00 开始，南瓜马车会在 6：45 的时候去接她，去吧，辛德瑞拉的命运就靠你们了。"

　　尤娜和温妮相互看了看，又打量了一下四周，房间里除了她们没有别人，于是，她们小心翼翼地拿起那个神奇的时钟，飞快地跑出了小屋。

"尤娜，看看现在几点了，看看你自己的手表，别忘了魔法师奶奶提示的时间。"温妮跑得气喘吁吁。

　　"现……现在是，哦，时针指在 11 的位置上，分针指在 2 的位置上。温妮，现在是上午的 11：10，这，这次没错了吧。"尤娜也跑得上气不接下气。

　　温妮看看自己的手表，表示没问题，"快走吧，我们得去看看，辛德瑞拉在忙些什么。"

"辛德瑞拉，赶快把这些豆子分拣出来！"辛德瑞拉的继母在楼上大喊。

尤娜看到辛德瑞拉正蹲在厨房里分拣豆子。"辛德瑞拉，你怎么不去准备参加舞会啊？这些我和温妮帮你做。"

"怎么是你，尤娜？"辛德瑞拉的眼睛里瞬间露出了惊喜。

可是转眼之间又布满了哀伤。"谢谢，尤娜，不过我想我们做不完这些，就算三个人，一起努力，做完了要 6：00 了，我们……"

　　"辛德瑞拉，你上来一下，我们的礼服不合适，你快拿去改改……"

　　"看吧，我不可能在舞会开始之前做完这些的。"辛德瑞拉说。

　　"你先去改衣服吧！回来就会发生奇迹哦。"温妮说着，冲着辛德瑞拉笑了起来。

　　大约过了两个小时，辛德瑞拉终于给两个姐姐改好了晚礼服，回到了厨房。

　　"辛德瑞拉，你看，现在才刚刚 12：00整，我们还来得及！"温妮说。

　　尤娜冲着温妮眨眨眼睛，原来，她们刚刚把时针和分针都拨到了 12 那里。

　　"这怎么可能？！我明明花费了很长时间啊！"
辛德瑞拉揉揉眼睛，以为自己看错了时间。

　　"别问了，总之我们能帮你！"尤娜说。

　　三个人一起分拣豆子，果然速度快了很多，
看看时间，也才刚刚5点钟。

"谢谢，谢谢你们，不过我还是不能去舞会。我没有礼服，如果把姐姐的旧礼服修改，至少需要两个小时，那时候已经7:00了，舞会已经开始了。"辛德瑞拉依然很伤心。

"辛德瑞拉，晚饭赶快准备好，你姐姐们赶着要去参加舞会呢。"果然，辛德瑞拉的继母又在给她分配工作。

"是，妈妈！"辛德瑞拉无奈地准备起晚饭来。

"已经下午 5：40 了，真的来不及了。"做好了晚饭，辛德瑞拉指了指挂在厨房里的时钟说。

"辛德瑞拉，去买瓶香水回来！"6：20，辛德瑞拉刚刚收拾好碗筷，又被继母派出去买东西了。

24

"已经 6：40 了，我想我肯定要错过这次机会了。"刚刚跑回来的辛德瑞拉，看着时钟伤心地说。

"是啊。"尤娜看了看厨房墙壁上的时钟，时针指在6和7之间，分针指在数字8的位置上。

"不过那也没关系，你希望现在是几点钟？"
温妮和尤娜相互看了看，默契地一笑。

"如果现在是4点钟，我想还是可以的吧。"

"没问题！"温妮和尤娜把魔法时钟的分针放在了12那里，时针放在了4那里。一瞬间，时间真的回到了4点钟。

"别管我们是怎么做到的，你赶快去准备衣服，梳洗打扮吧。"

"好了，我想你的南瓜马车已经在等你了！"
辛德瑞拉梳洗打扮之后，尤娜再一次拨转了时钟，
时针放在了6和7之间，分针放在了9的位置上。

"好了，我想辛德瑞拉终于可以和王子跳舞了，不过我们今晚要睡在哪里？"尤娜看着马车远去，终于松了口气。

"或者我们可以在辛德瑞拉家过上一夜吧。"温妮说。

劳累了一天的两个人，
在厨房里沉沉睡去。

"温妮、尤娜，起床了，我们该出发了！"

"丽莎姑妈？怎么是你？我们不是在辛德瑞拉家吗？啊，现在已经7：15了"尤娜准确地说出了闹钟上的时间。

　　"亲爱的，我们当然在自己家，不过今天就能看到灰姑娘的家。"莉莎姑妈说。

　　"我想我是在做梦吧，温妮应该也做了同样的梦吧？不过不管怎么样，我们今天真的可以去灰姑娘的城堡了！"说着，尤娜叫醒了身边的温妮。

阳光正好，三个人朝着灰姑娘的城堡出发了。

【画出四个钟表，请小朋友对应自己的作息自己填上时针分针】

早上好，我要起床了。

爸爸妈妈再见，早点接我回家。

我可以去找我的小伙伴一起去玩游戏了。

很晚了，我该休息了。

认识时钟

时间去哪儿了?